Bin Li
Qian Wu

Investigação de modelos CPS para a interação entre a oferta e a procura no sistema elétrico

AF376797

Bin Li
Qian Wu

Investigação de modelos CPS para a interação entre a oferta e a procura no sistema elétrico

ScienciaScripts

Imprint

Any brand names and product names mentioned in this book are subject to trademark, brand or patent protection and are trademarks or registered trademarks of their respective holders. The use of brand names, product names, common names, trade names, product descriptions etc. even without a particular marking in this work is in no way to be construed to mean that such names may be regarded as unrestricted in respect of trademark and brand protection legislation and could thus be used by anyone.

Cover image: www.ingimage.com

This book is a translation from the original published under ISBN 978-3-659-86319-6.

Publisher:
Sciencia Scripts
is a trademark of
Dodo Books Indian Ocean Ltd. and OmniScriptum S.R.L publishing group

120 High Road, East Finchley, London, N2 9ED, United Kingdom
Str. Armeneasca 28/1, office 1, Chisinau MD-2012, Republic of Moldova, Europe
Printed at: see last page
ISBN: 978-620-7-78855-2

Copyright © Bin Li, Qian Wu
Copyright © 2024 Dodo Books Indian Ocean Ltd. and OmniScriptum S.R.L publishing group

RESUMO

Este livro apresenta uma investigação sobre modelos de sistemas ciber-físicos para a interação entre a oferta e a procura do sistema de energia. A rede eléctrica pode levar a cabo a interação entre a oferta e a procura de energia, a interação significa um anel de fluxo de dados bidirecional entre duas partes. Em primeiro lugar, são propostos modelos CPS de diferentes níveis: modelo CPS ao nível da unidade, modelo CPS ao nível do sistema e modelo CPS ao nível da plataforma. Com base na teoria normalizada de modelação de CPS, é concebida a arquitetura da interação entre a oferta e a procura e a função do nó central baseada na integração física da informação. São apresentados alguns cenários típicos para ilustrar o procedimento do modelo CPS de diferentes níveis, respetivamente. O modelo CPS de nível de plataforma tem vantagens de unidades inteligentes distribuídas e pode adaptar-se ao controlo multinível para satisfazer as necessidades de otimização, além disso, pode apoiar eficazmente as necessidades futuras de negócios interactivos de oferta e procura de energia de forma flexível.

ÍNDICE DE CONTEÚDOS:

CAPÍTULO 1

Introdução

1.1 Antecedentes da rede inteligente

Nos últimos anos, o consumo de energia eléctrica tem aumentado drasticamente. De acordo com as estatísticas publicadas pelo Departamento de Energia dos EUA, as despesas com energia eléctrica aumentaram cerca de 20%-40% em edifícios residenciais e comerciais, no total das despesas anuais[1].

De acordo com o relatório da Energy Information Administration (EIA, EUA) [2], a produção de eletricidade a nível mundial aumentará 69% entre 2012 e 2040, ou seja, 21,6 triliões de kWh em 2012. Devido ao crescimento económico e à melhoria do nível de vida, o consumo residencial de eletricidade aumentará em média 2,1 por cento neste período [2].

Com o aumento da procura de eletricidade, para compensar a energia das horas de ponta é necessário um grande investimento de capital, que é muito caro e só pode satisfazer um número limitado de horas.

Por conseguinte, é imperativo utilizar algumas técnicas eficazes para reduzir o pico de carga, como a gestão da procura (DSM). A questão mais crítica em geral está relacionada com a fiabilidade da rede eléctrica, bem como com a coordenação das capacidades de procura e de oferta. De certa forma, a empresa de serviços públicos não deve apenas instalar mais e mais produção, mas também ajustar a carga do lado da procura para melhorar a utilização da eletricidade, uma vez que os recursos energéticos são limitados.

Atualmente, a infraestrutura do sistema de energia está a sofrer uma alteração importante, passando do esquema convencional para a rede inteligente.

A rede inteligente é um conceito que se refere à futura rede de energia eléctrica que melhora a forma de gerir o consumo e a distribuição de eletricidade, envolvendo algumas comunicações bidireccionais de alto nível e técnicas de computação generalizadas para controlo avançado, segurança, fiabilidade e eficiência [3]. Tem algumas características novas, como a inclusão da participação dos consumidores. Por exemplo, a DSM é possibilitada pela rede inteligente que visa melhorar a eficiência e a fiabilidade do sistema de energia. O DSM refere-se geralmente aos programas de gestão de energia das empresas de eletricidade que visam ajustar o comportamento de consumo de energia através de contadores inteligentes do lado dos clientes [4]. No total, os programas de proteção energética, eficiência, gestão de carga e substituição de combustível fazem parte dos programas DSM [5]. A Figura 1.1 mostra a composição de uma infraestrutura de Smart Grid.

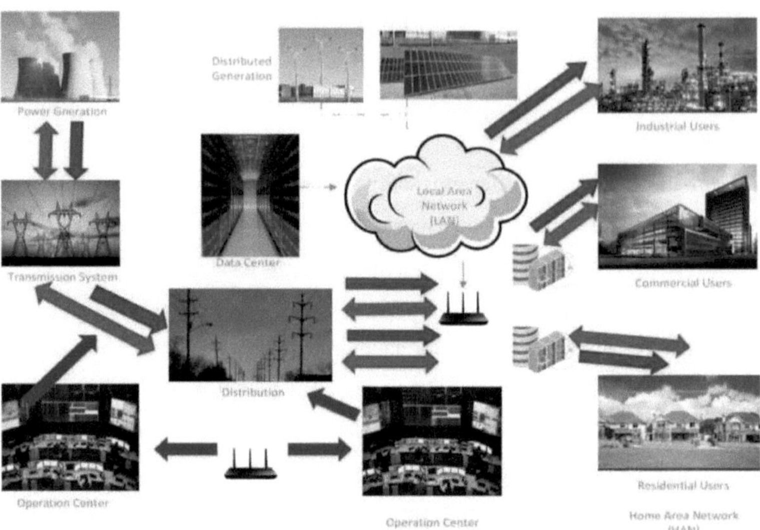

Figura 1.1 Infraestrutura de composição de redes inteligentes

O objetivo dos programas de gestão da carga é reduzir a carga nas horas de ponta ou, por vezes, transferir a carga das horas de ponta para as horas fora de ponta. A simples redução das cargas para horas fora de ponta específicas provocaria por vezes uma nova hora de ponta, mas poderia ser útil se a carga de ponta pudesse ser separada em muitas horas fora de ponta diferentes no caso de uma nova hora de ponta. Por conseguinte, estão a ser implantadas algumas tecnologias novas na rede eléctrica. Recentemente, as tecnologias de rede inteligente foram desenvolvidas e a implantação de contadores inteligentes, infra-estruturas avançadas de contadores (AMI), sistemas de gestão da energia doméstica (HEMS) e outros aumentou, tornando-se possível fazer uma programação razoável dos clientes finais para beneficiar a empresa de eletricidade, bem como os clientes. Por exemplo, alguns aparelhos inteligentes e o padrão de utilização de dispositivos AVAC (aquecimento, ventilação e ar condicionado) podem ser reduzidos durante algum tempo ou podem ser alterados através da execução de estratégias inteligentes.

Na última década, a resposta à procura (RD) desenvolveu-se significativamente na rede eléctrica. De acordo com o Departamento de Energia dos EUA, a RD refere-se a alterações no consumo de eletricidade efectuadas pelos utilizadores finais para responder às alterações do preço da eletricidade ou a outros estímulos, a fim de reduzir a utilização de eletricidade, bem como aumentar a eficiência energética e a fiabilidade do sistema de energia [6]. Os clientes retalhistas participam nos mercados da eletricidade, monitorizando e reagindo aos preços da eletricidade. Basicamente, os programas de RD podem ser classificados em dois tipos: o primeiro está relacionado com o incentivo, o segundo está relacionado com o tempo [7].

Além disso, os programas de RD podem ser divididos em vários subgrupos que são apresentados na

Tabela 1.1.

Tabela 1.1 Classificação do Programa de Resposta da Procura

Program types	Subgroup	Characteristics
incentive-based programs	Direct Load Control (DLC)	Customers' load will be cut down or cycled by utility directly through short notice to make sure system reliability, sometimes incentive price is used as exchange benefit.
	Interruptible/curtailable service (I/C)	Customers receive dynamic EP if they agree to change their behavior. They'll pay penalty rate if they refused to reduce load during system contingency time.
	Demand Bidding (DB)	Big customers can offer the accepted EP and the load quantities they would like to be curtailed.
	Emergency Demand Response Program (EDRP)	Customers receive dynamic EP if they agree to change their behavior. This event is voluntary.
	Capacity Market Program (CAP)	Customers reduce their load during system contingency, and are subject to be punished if they do not respond.
	Ancillary Service Market (A/S)	Customers will be paid for bidding shaving load as operating reserves if they're approved in ISO markets.
time-based programs	Time-of-Use (TOU)	Utility sets different EP during different periods based on system load. For example, if the system load is high, the EP will be high.
	Real Time Pricing (RTP)	Dynamic EP reflected changes in power directly.
	Critical Peak Pricing (CPP)	An increase on existed EP during extreme peak hour.

1.2 Introdução da interação entre a oferta e a procura

Cada vez mais países começaram a implementar a reforma do mercado da eletricidade desde o século passado, de modo que os recursos do lado da procura são obrigados a cooperar com o lado da oferta para alcançar um maior equilíbrio entre a oferta e a procura [8]. Com o rápido desenvolvimento do mercado, o modo e os métodos de transação de energia foram enriquecidos e surgiram muitos mecanismos de transação flexíveis, pelo que o lado da procura tem mais oportunidades de participar no mercado. Recentemente, uma grande quantidade de energia distribuída tem sido utilizada na rede eléctrica, os utilizadores tradicionais, como a produção de energia fotovoltaica, pequenas turbinas eólicas e veículos eléctricos, podem passar de consumidores a produtores de energia [9].

Neste contexto, o conceito de interação entre a oferta e a procura foi proposto por académicos. A interação entre a oferta e a procura significa, literalmente, que os participantes no sistema de energia alteram espontaneamente o seu modo de produção e utilização através da participação no mercado e da submissão à programação do sistema, incluindo a interação com a energia eléctrica, a informação e o comércio. A interação entre a oferta e a procura pode realizar a integração dos recursos da oferta e da procura, garantir a segurança e os benefícios económicos da operação com um preço mais baixo, entretanto, pode melhorar a eficiência da utilização dos recursos e promover a formação de uma concorrência leal. Em primeiro lugar, resumimos os vários métodos de realização da interação entre a oferta e a procura para um estudo mais aprofundado.

Os participantes na interação entre a oferta e a procura incluem o governo, a empresa de eletricidade, a empresa de serviços de energia e os utilizadores de eletricidade. O governo é o principal participante, acima de todos os participantes, para garantir que a interação possa ser promovida, funcionando como gestor de supervisão e controlo. Por um lado, o governo formula e ajusta os mecanismos de incentivo para a Empresa de Eletricidade, a Empresa de Serviços de Eletricidade e os utilizadores de eletricidade; por outro lado, o governo fornece os fundos especiais do programa financeiro para garantir as medidas de incentivo para todos os participantes e garantir que as medidas interactivas possam ser executadas com sucesso. A empresa de eletricidade é o principal participante e o fundador do processo de interação entre a oferta e a procura, sendo também o principal fornecedor de incentivos económicos no processo. Por um lado, a empresa de eletricidade pode promover a reforma da rede eléctrica tradicional, reduzir o custo do desperdício de eletricidade e melhorar o estado de funcionamento da rede eléctrica; por outro lado, a empresa de eletricidade tem a responsabilidade de prestar apoio técnico e de serviços aos utilizadores de eletricidade para que estes participem na resposta à procura, organizar a aplicação das medidas de DSM, fornecer as tecnologias mais recentes e o resultado da avaliação. A empresa de serviços de energia, por exemplo, a empresa vendedora de eletricidade, poderia fornecer o subsídio económico considerando o preço de mercado atual, por exemplo, o custo do serviço de energia, e fazer o plano e a integração para a empresa de eletricidade, entretanto, fornecer energia eléctrica aos utilizadores de eletricidade. A empresa de serviços de eletricidade pode organizar alguns utilizadores de pequena escala para participarem na resposta à procura e dar algumas instruções ou cooperação à empresa de eletricidade e à administração; isto pode melhorar o resultado da interação. Os utilizadores de eletricidade são um tipo de recursos do lado da procura, em certa medida, os utilizadores de eletricidade também podem ser recursos de produção de reserva de emergência, podem resolver o problema de a reserva não ser suficiente economicamente e garantir a segurança do funcionamento da rede.

Os tipos de interação podem ser resumidos da seguinte forma, tendo em conta os diferentes participantes e os diferentes graus da sua participação.

1) Modo de interação que inclui apenas um participante entre os lados da oferta e da procura: Transação de produção de energia do lado da oferta[10] e transação de utilização de eletricidade do lado da procura[11]. A transação de produção de eletricidade e a transação de utilização de eletricidade consiste em os participantes na interação entre a oferta e a procura alterarem o seu comportamento em termos de produção e utilização de energia através da transação, de modo a obterem o melhor despacho de recursos de cada lado.

2) Modo de interação que inclui participantes de dois lados: Resposta da procura (DR)[12], licitação da procura (DSB)[13][14], despacho de carga (LD)[15] e despacho distribuído com inclusão de gerador (DGD)[16]. Os elementos organizados em pormenor podem ser vistos na Figura 1.2.

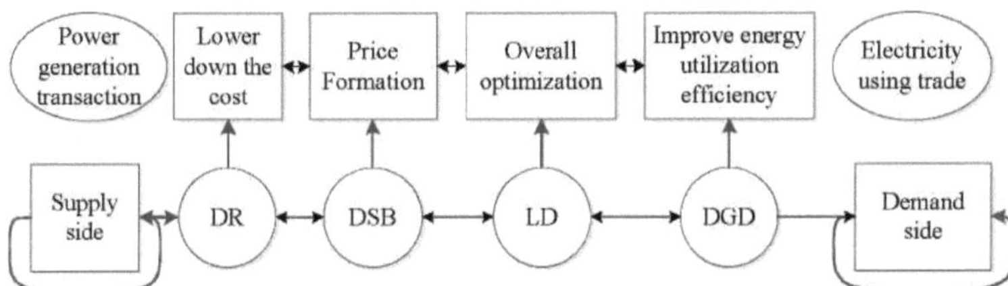

Figura 1.2 Forma de implementação da interação entre a oferta e a procura e estado de participação no mercado do lado da procura

1.3 Introdução do sistema ciber-físico

Recentemente, os sistemas ciber-físicos (CPS) [17] têm recebido muita atenção devido às suas aplicações generalizadas na indústria, nos transportes e no sector da energia. Um CPS pode ser um sistema em que o processamento da informação e a dinâmica física estão estreitamente integrados, pelo que é difícil distinguir se o comportamento do sistema tem origem no nível da informação ou no nível físico.

A plataforma de serviços interactivos de fornecimento e procura de energia que se liga à tecnologia da Internet como base para conseguir a integração da rede de energia e da rede de informação através do estabelecimento de múltiplos utilizadores e do modelo de interação de fornecimento e procura de energia, a aplicação de utilizadores e do mecanismo de interação de fornecimento e procura de energia para satisfazer as empresas públicas de fornecimento de energia, agregadores de carga, utilizadores residenciais e outras necessidades de interação de diferentes utilizadores. O processo de interação entre a oferta e a procura de energia eléctrica é um processo de "perceção do estado, análise em tempo real, implementação científica da precisão da tomada de decisões" da informação e do equipamento do espaço físico, o processo de cooperação mútua é um processo de fusão da informação física. Como a rede eléctrica que pode levar a cabo a interação entre a oferta e a procura de energia deve ter as seguintes características relacionadas perceção e controlo automático dados unidade software definição autonomia do sistema e assim por diante. Quanto mais complexas forem as escalas do sistema, maior é a complexidade da gestão do controlo.

O sistema ciber-físico tem várias funções, como segue[18]:

1) Monitorização em tempo real e simulação exaustiva do sistema ciber-físico

Em comparação com o sistema físico tradicional, uma das vantagens mais importantes do CPS é o facto de poder obter a informação global através da rede de sensores e da rede de comunicações. Tomando o sistema de energia como exemplo, no futuro, o sistema de energia poderá obter mais informações através de PMU, casas inteligentes e sensores sem fios de veículos eléctricos, para além do atual sistema SCADA. Esta informação pode ser recolhida para o centro de controlo do CPS através de diferentes redes de comunicação, por exemplo, Internet, rede de comunicação dedicada ao sistema de energia para fazer a análise e simulação do sistema. Em particular, o sistema de monitorização do CPS necessita não só de recolher informação do sistema físico, mas também do sistema cibernético. A simulação não é efectuada apenas no sistema físico, mas também no sistema cibernético e no sistema físico como um único sistema para efetuar a simulação. As características comportamentais do sistema global podem ser representadas com precisão através desta influência interactiva para além da simulação global. Esta tecnologia é a caraterística importante que diferencia o CPS do sistema físico tradicional.

2) Integração, partilha e colaboração de informações

Os CPS de grande escala produzem uma grande quantidade de dados, e os problemas de transmissão, integração e armazenamento do fluxo de dados em massa não podem ser resolvidos atualmente pelo sistema físico tradicional. Esta é uma das vantagens do CPS. Além disso, o CPS é organizado por muitos dispositivos físicos ligados à rede. A rede aqui inclui a rede física, por exemplo, a rede de transmissão e a rede de distribuição, enquanto a rede inclui a rede de informação, por exemplo, a Internet.

3) Controlo físico em grande escala e otimização global do sistema

O objetivo final da realização do CPS é a capacidade de controlo do sistema físico. O sistema físico atual adopta um modelo de controlo simples e inflexível, a flexibilidade não é muito boa e, por vezes, a eficiência do funcionamento total do sistema tem de ser sujeita a um controlo ótimo

CAPÍTULO 2

Modelos CPS para a interação entre a oferta e a procura

Os utilizadores de eletricidade incluem utilizadores de edifícios industriais e residenciais e uma vasta gama de equipamento elétrico, alguns utilizadores são relativamente complexos, a monitorização do ambiente elétrico do equipamento elétrico é mais difícil.

Este projeto considera a identificação em linha e a monitorização do equipamento elétrico através do modo de comunicação da linha de transporte de energia e apresenta o método de monitorização em linha do equipamento de utilizador ideal.

Este livro baseia-se no estudo da comunicação óptima entre os utilizadores e as empresas de eletricidade, compara as vantagens e desvantagens da rede pública sem fios e da rede de comunicação de fibra ótica e estabelece o canal de comunicação entre as empresas de eletricidade e os utilizadores para fornecer apoio técnico à comunicação de dados dos serviços interactivos de energia eléctrica.

O sistema de convergência da rede eléctrica e da rede de informação é hierárquico, um dispositivo inteligente, um interrutor inteligente pode ser um sistema de integração da rede eléctrica e da rede de informação.

Entretanto, o sistema de integração da rede eléctrica e da rede de informação é também sistemático, pelo que os diferentes níveis devem ser claramente distinguidos, devendo ser definido um modelo de estrutura unitária mínima do sistema de integração da rede eléctrica e da rede de informação.

2.1 Modelo CPS ao nível da unidade para a interação entre a oferta e a procura

O modelo CPS de nível unitário é indivisível e é a unidade mínima acima de toda a estrutura; pode ser qualquer dispositivo elétrico e constituir um circuito fechado de dados.

Pode realizar a perceção do estado, a análise computacional da entidade do equipamento elétrico e, eventualmente, controlar os dispositivos através de software, construir um circuito fechado em que os dados fluem automaticamente e realizar a integração e a interação entre o equipamento físico de energia e a informação eléctrica dos utilizadores.

Os requisitos técnicos para o modelo CPS de nível unitário são os seguintes: perceção do estado, capacidade de controlar a implementação de entidades físicas, capacidade de calcular o poder de processamento dos dados e capacidade de interação e comunicação externas. A estrutura do modelo é apresentada na Figura 2.1.

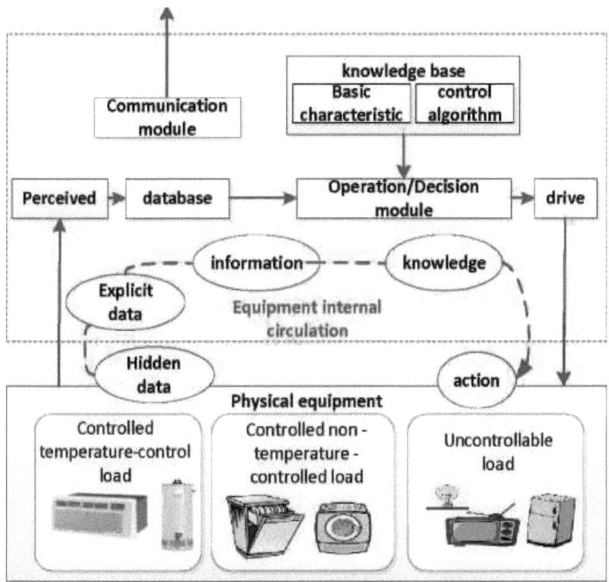

Fig 2.1 Modelo CPS ao nível da unidade

Informação interna - anel de integração física, os dados serão processados de dados ocultos para dados explícitos, os dados explícitos serão processados para informação. A informação acabará por se transformar em conhecimento e gerar Informação interna - a integração física do anel de processamento de dados no processo de passar gradualmente dos dados ocultos para dados explícitos dados explícitos através da análise e processamento em informação a informação através da tomada de decisão abrangente em conhecimento efetivo e cura ao nível da unidade No modelo de fusão, a decisão simultânea é transformada no dispositivo físico pelo sistema de controlo nos dados optimizados.

2.2 Modelo CPS a nível do sistema para a interação entre a oferta e a procura

O modelo CPS a nível do sistema baseia-se no modelo CPS a nível das unidades, e vários modelos CPS a nível das unidades ligam-se ao barramento CPS através da rede, por exemplo, Wi-Fi e Internet. Esta ação pode não só realizar a interação e comunicação de vários modelos CPS a nível de unidade, mas também pode realizar a coordenação entre diferentes modelos CPS a nível de sistema, para melhorar ainda mais a gama de objectivos na interação entre a oferta e a procura do sistema de energia. O modelo CPS a nível do sistema pode ser um agregador de carga, agregadores de serviços de energia, edifícios inteligentes e comunidades inteligentes, etc. A essência do modelo CPS a nível do sistema é melhorar o alcance através da rede para realizar a perceção, o processamento e a análise da informação numa gama mais vasta. Além disso, a estratégia de controlo para diferentes utilizadores, para por exemplo, a companhia de eletricidade, a carga dos utilizadores, os agregadores de carga e a energia distribuída, etc. Este modelo de CPS ao nível do sistema pode realizar a função de auto-organização, auto-configuração e auto-decisão. Finalmente, a interação do fluxo de energia e do fluxo de informação entre a rede eléctrica e a rede de informação pode ser realizada. O modelo CPS ao nível do sistema é composto por dispositivos físicos que têm a função de perceção e controlo, software plug-in e barramento CPS. A estrutura do modelo CPS a nível do sistema é apresentada na Figura 2.2.

A função do barramento CPS é muito importante para o modelo CPS a nível do sistema. Para garantir a interação entre vários modelos CPS ao nível das unidades, o barramento CPS tem a função de avaliação das capacidades, resposta a eventos, gestão do modelo de consumo de energia, otimização da operação e gestão da estratégia de controlo. O modelo CPS a nível do sistema centra-se principalmente na interação e comunicação entre os vários utilizadores e na perceção, análise, controlo e gestão em tempo real dos vários utilizadores. Com base na tecnologia do modelo a nível de unidade, a função do modelo a nível de sistema inclui a capacidade de realizar a interação e a comunicação, a capacidade de gerir e monitorizar e a capacidade de coordenação.

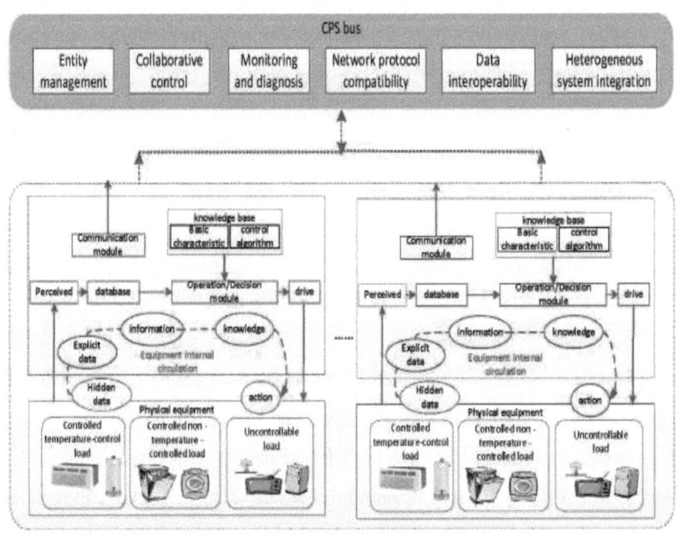

Fig 2.2 Modelo CPS ao nível do sistema

2. 3Modelo CPS ao nível da plataforma para a interação entre a oferta e a procura

O modelo CPS ao nível da plataforma é a ligação de vários modelos CPS ao nível do sistema, a interação e a comunicação de vários modelos CPS ao nível do sistema podem ser realizadas e a coordenação de vários modelos CPS ao nível da plataforma pode ser realizada através da criação de uma plataforma comercial interactiva inteligente. Os objectivos aplicados ao modelo CPS a nível do sistema incluem o modelo CPS a nível do sistema e o modelo CPS a nível das unidades; pode ser aplicado aos utilizadores e à rede eléctrica.

Quando este modelo é aplicado aos utilizadores, diferentes utilizadores podem comunicar através de um portal para atualizar os dados na plataforma inteligente de serviços em nuvem quando não podem comunicar diretamente entre si. A essência do modelo CPS ao nível da plataforma é realizar a perceção da informação, a análise tecnológica, as decisões científicas e a implementação precisa em toda a área através da plataforma de serviços interactivos inteligentes, por exemplo, a coordenação entre o edifício inteligente e a comunidade inteligente, e a interação de dados foi melhorada.

O nível do sistema pode realizar a monitorização do estado de vários modelos CPS ao nível do sistema através da plataforma de serviço interativo inteligente e realizar a análise e processamento de informações em tempo real através da tecnologia de análise de big data, tecnologia de cálculo distribuído, finalmente, o controlo centralizado pode ser realizado e o despacho de otimização dos recursos de oferta e procura pode ser realizado, o desperdício de recursos pode ser evitado. O modelo CPS de nível de plataforma começa por estabelecer modelos e fazer análises com base nos dados obtidos, fazer a recolha e processamento de dados, armazenamento e serviço, para terminar a gestão, integração e análise de dados. Nesta base, os serviços de gestão do desempenho e de otimização da operação da interação entre a oferta e a procura de energia foram formados e, em última análise, o fluxo de energia e o fluxo de informação entre a rede de energia e a rede de informação podem realizar uma comunicação bidirecional e uma interação integrada.

A gestão do desempenho inclui principalmente a monitorização de dispositivos, o diagnóstico remoto, a manutenção preventiva, a avaliação de simulações e a divulgação de informações de múltiplos utilizadores e dispositivos eléctricos na rede eléctrica. Os serviços de otimização operacional incluem principalmente aplicações avançadas, como a personalização de múltiplos utilizadores, a programação de recursos de emergência, a análise do potencial do utilizador e a avaliação da fiabilidade. A estrutura do modelo CPS ao nível da plataforma é apresentada na Figura 2.3.

Em comparação com o modelo CPS a nível do sistema, o modelo CPS a nível da plataforma pode obter mais informações, e o modelo CPS a nível da plataforma necessita de um novo modo de processamento de dados para, além disso, proporcionar uma forte capacidade de estratégia e de otimização. A estrutura do modelo CPS ao nível da plataforma é adequada para redes eléctricas e utilizadores. Com base na necessidade técnica, a necessidade técnica do modelo CPS ao nível da plataforma inclui a capacidade de armazenamento e de processamento distribuído de dados em massa, a capacidade de produzir serviços de dados e a capacidade de produzir negócios inteligentes interactivos.

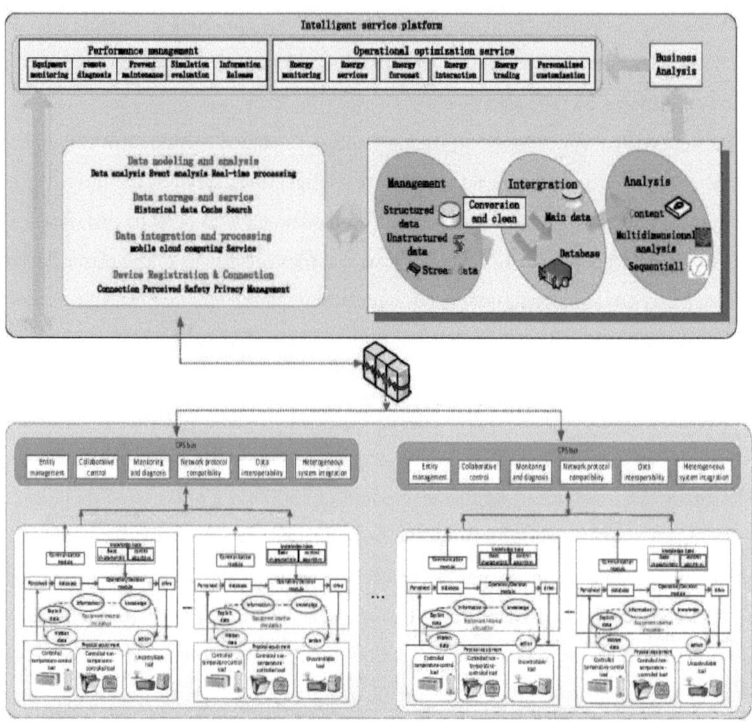

Fig 2.3 Modelo CPS ao nível da plataforma

2.4 Arquitetura futura da interação entre a oferta e a procura com base no modelo CPS

A integração da rede de energia e da rede de informação funciona como uma interação inteligente entre a oferta e a procura. Com base no sistema ciber-físico (CPS), a interação inteligente entre diferentes dispositivos, diferentes sistemas e dispositivos pode ser realizada através de um sensor plug-in utilizando a tecnologia de recolha de informações. Além disso, a otimização de diferentes níveis pode ser realizada, por exemplo, perceção ubíqua, monitorização em tempo real, controlo preciso, integração de dados, otimização operacional, serviço colaborativo e personalização da personalidade. O processo de integração específico pode ser visto da seguinte forma: Os dados serão primeiro recolhidos por dispositivos físicos através de sensores plug-in no lado da rede de energia, depois os dados serão carregados para o centro da plataforma interactiva para fazer a computação em nuvem, análise de grandes volumes de dados. Depois disso, algumas actividades eléctricas serão levadas a cabo pela rede de informação, por exemplo, actividades de vendas, actividades de programação, actividades de manutenção e actividades interactivas.

A arquitetura do sistema de integração da rede de energia e da rede de informação inclui a rede de energia (mundo físico), a rede de informação (mundo da informação) e a rede de transmissão convergente. A rede eléctrica inclui os dispositivos finais relativos à produção, transmissão,

14

distribuição e utilização de energia. A rede de informação inclui informações e decisões de processamento relacionadas com a atividade de serviços de energia. Para realizar a integração da rede de energia e da rede de informação, são necessários os sensores, os actuadores, as unidades de análise de dados e de memória e as unidades de tomada de decisões e de controlo. Os sensores são dispositivos plug-in, que podem monitorizar e perceber o mundo exterior; os actuadores são dispositivos plug-in, que podem receber instruções de controlo e controlar o objeto; as unidades de análise de dados e de memória são dispositivos de armazenamento de análise, que podem analisar, processar e calcular de acordo com os dados carregados na unidade; as unidades de tomada de decisão e de controlo são dispositivos de controlo lógico, que podem gerar lógica de controlo com base em regras semânticas definidas pelo utilizador e em regras semânticas definidas pela rede ou pela plataforma superior.

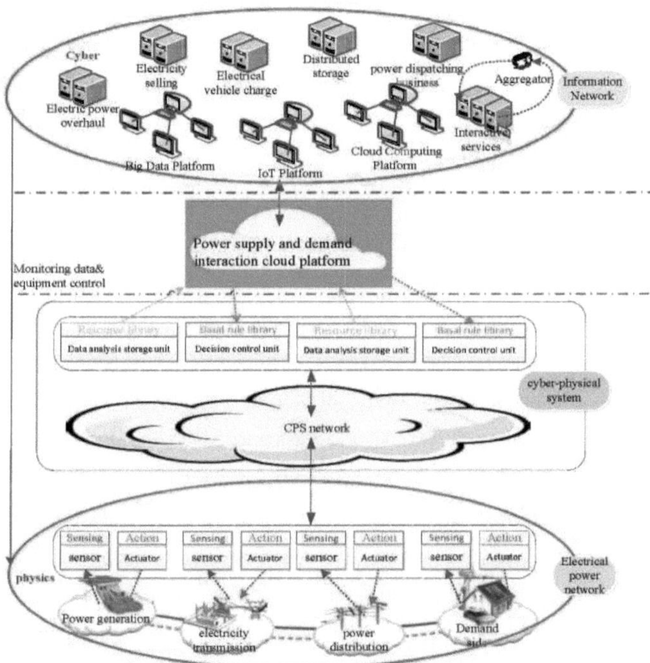

Fig.4 Arquitetura futura da rede baseada na rede integrada

A rede de sistemas ciber-físicos que envolve tecnologia informática e tecnologia de comunicação é a base para realizar a integração entre a rede eléctrica e a rede de informação. A Internet da próxima geração (NGI) e a rede da próxima geração (NGN) desempenharão um papel importante para apoiar a integração entre a rede eléctrica e a rede de informação no futuro. A tecnologia IPv6 fornece uma grande quantidade de recursos de endereçamento como tecnologia de base, o IPv6 permite interligar muitas redes de objectos físicos; a NGN baseada na tecnologia SDN é a rede de telecomunicações capaz de fornecer tecnologia multimédia de dados, voz e vídeo.

2.5 Questões-chave do modelo CPS para futuras aplicações eléctricas

O sistema CPS é um evento físico e uma combinação orgânica de sistemas de computação, cuja principal preocupação é o processo físico contínuo. Através de eventos históricos baseados no acesso temporal a eventos históricos que ocorreram e a previsões de eventos futuros. O modelo de programação CPS da interação do utilizador com a rede eléctrica é construído entre a plataforma de serviço interativo e o terminal interativo e o método de controlo em circuito fechado é estabelecido para analisar a perceção da interação do utilizador, a tomada de decisões e o controlo. De acordo com as características da colaboração de informação entre as empresas de eletricidade, os utilizadores agregadores e os sistemas de energia distribuída, é construído um modelo de controlo de quatro níveis na biblioteca de modelos pré-definidos para cumprir os requisitos da especificação IEC. Através da decomposição do modelo de descrição de eventos espácio-temporais que interage com a rede, é criado o mecanismo de eventos dos sensores, actuadores e unidades de controlo envolvidos nas actividades de oferta e procura. Para qualquer aplicação avançada fornecida pela plataforma de serviços interactivos, é construído o conjunto de funções interactivas do utilizador do lado da procura e do equipamento da rede eléctrica e é formado o método de fusão do protocolo de controlo da interação multi-utilizador para apoiar a evolução harmoniosa da interação CPS entre o utilizador e a rede eléctrica.

(1) Conceção da função do nó de serviço CPS para a interação entre a oferta e a procura de energia

Na interação entre a oferta e a procura de energia, os principais componentes funcionais do nó de serviço CPS incluem principalmente o sensor, o atuador e o controlador. O nó central do CPS deve não só recolher a lógica de funcionamento do lado do sistema de energia (lado da oferta), mas também recolher o estado de funcionamento e as informações relacionadas com o equipamento e o sistema do lado dos utilizadores (lado da procura), entretanto, o nó central do CPS precisa de calcular e processar os dados e, em seguida, influenciar a lógica empresarial da interação bidirecional entre a oferta e a procura de energia. No fluxo de informação interna do nó CPS, o barramento CPS envia uma grande quantidade de dados recolhidos, instruções de controlo, sinais de eventos para os parâmetros físicos e integração da informação como um todo, gestão e controlo unificados, a fim de fazer com que os dispositivos do lado da oferta e do lado da procura possam atingir o objetivo. O desvio do tempo de comunicação do nó CPS também tem um relógio de sincronização interno padrão para garantir que o evento na implementação do tempo. O nó CPS está ligado à instalação física; adquire o estado de funcionamento do mundo físico através da unidade de sensor e utiliza a capacidade de execução para inverter o ambiente real.

(2) Entidades recentemente criadas para o mercado elétrico aberto

Com o lançamento gradual do mercado da eletricidade, surgiram muitas entidades funcionais novas, como os integradores de carga, os reguladores dos fornecedores de serviços energéticos, as instituições financeiras, etc. Na implementação da rede em grande escala, o controlo e a otimização a vários níveis com base no sistema CPS podem ser realizados e a necessidade de gestão a vários níveis também pode ser realizada. A estratégia de controlo CPS deve ser utilizada para lidar com o utilizador de fornecimento de energia distribuída e a coordenação e otimização da carga no modelo de sistema híbrido. Através da estratégia de controlo pré-configurada e da lógica de temporização, o terminal de controlo CPS do cliente pode ajustar-se de acordo com o objetivo de otimização definido pelo utilizador. Por exemplo, os utilizadores podem ser influenciados de acordo com o preço da eletricidade libertado pela rede eléctrica, a informação ajusta a carga da lei da eletricidade, e pode também conseguir a subscrição do serviço de energia, etc. Agregadores de carga, tais como a rede eléctrica e as ligações intermédias de interação dos utilizadores, de modo a procurar os seus próprios interesses, bem como a maximizar a necessidade de obter informações relacionadas com a rede eléctrica e a carga do utilizador através do sistema CPS.

CAPÍTULO 3

Processo e cenários típicos dos modelos CPS para a interação entre a oferta e a procura

O modelo CPS de interação entre a oferta e a procura de energia, que permite a interação entre a oferta e a procura de energia, baseia-se no sistema de informação e de interação física, com o objetivo de garantir a segurança de funcionamento da rede eléctrica, bem como o seu funcionamento económico e eficiente, e ainda a interação amigável bidirecional entre a oferta e a procura de energia. A atividade de interação entre a oferta e a procura de energia inclui principalmente a atividade de interação dos utilizadores residenciais e a atividade de interação dos grandes utilizadores.

Neste livro, a atividade de interação entre utilizadores residenciais é apresentada como exemplo, respetivamente, o modelo CPS a nível da unidade, o modelo CPS a nível do sistema e o modelo CPS a nível da plataforma na aplicação específica dos diferentes cenários são apresentados a seguir. A arquitetura de interação do negócio de interação dos utilizadores residenciais é apresentada na Figura 3.1

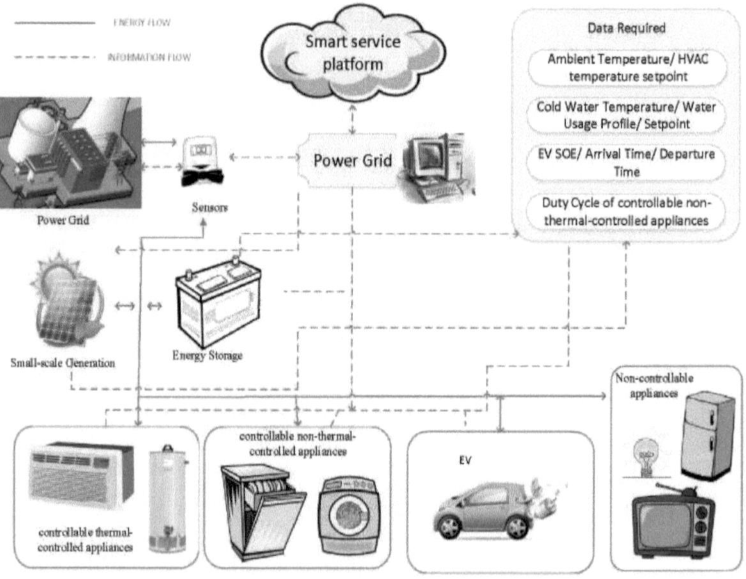

Figura 3.1 A arquitetura de interação da atividade de interação dos utilizadores residenciais

3.1. Processo do modelo CPS a nível de unidade

3.1.1 Perceção do Estado

A perceção do estado é o início do fluxo de dados, a perceção do estado pode obter a perceção da informação para descrever e modelar através da perceção da informação física do dispositivo físico. Ao nível do negócio de interação com o utilizador residencial, a perceção do estado do modelo CPS ao nível da unidade inclui a perceção dos estados físicos relativos às entidades físicas de eletricidade, por exemplo, estatísticas de utilização de eletricidade, informação auto-física das entidades, informação auto-funcional, estados de funcionamento e informação sobre o ambiente físico. Tomando como exemplo os aquecedores eléctricos de água, a informação que deve ser percebida é a potência nominal do aquecedor elétrico de água, o volume do reservatório de água, a área de superfície de dissipação de calor, os estados de funcionamento dos EWH, o valor definido para a temperatura, a temperatura ambiente, a temperatura de entrada da água e os comportamentos de utilização da água pelos utilizadores. A Tabela 3.1 mostra o resumo da informação no processo de perceção do estado.

Tabela 3.1 Resumo das informações no processo de perceção do Estado

Types of perceived information	Definite information
electricity using statistics	Power consumption, task cycle, task duration, et al
self-physical-information	Size, volume capacity, et al
self- functional-information	Rated voltage, rated power, SOC of electric vehicle, set point of equipment operating temperature , et al
operation states	Switch states, temperature states, et al
physical environment information	Ambient temperature, air pressure, et al

3.1.2 Análise em tempo real

A análise em tempo real é o processo de cálculo, análise e processamento dos dados obtidos a partir da perceção do estado. É o processo de conversão dos dados percepcionados em informação útil. O processo transforma os estados das entidades do equipamento elétrico em informação processada de forma intuitiva e computacional. No que diz respeito ao modelo CPS a nível de unidade de negócio de interação com utilizadores residenciais, a análise em tempo real inclui principalmente a tarefa de cálculo da estratégia de controlo da estratégia de controlo da entidade, o cálculo dos dados existentes com base na informação científica para a tomada de decisões, os principais métodos incluem a extração de dados, a análise de clusters, a aprendizagem automática e outras tecnologias de análise e processamento de dados.

3.1.3 Tomada de decisões científicas

A tomada de decisões científicas é a análise exaustiva das informações obtidas a partir do processo de análise em tempo real, a avaliação e a previsão da tomada de decisões científicas baseiam-se principalmente na experiência existente para alcançar uma tomada de decisões óptima, que é o núcleo do CPS. No modelo CPS a nível de unidade do negócio de interação dos utilizadores residenciais, a tomada de decisões científicas inclui principalmente a tomada de decisões sobre a estratégia de controlo de entidades de equipamento elétrico, tais como o tempo ótimo de carga e descarga do veículo elétrico; como decidir a melhor temperatura de funcionamento do ar condicionado, aquecedores de água, HAVC e outros equipamentos de controlo da temperatura; o tempo ótimo de arranque e paragem da máquina de lavar roupa, máquinas de lavar louça e outros equipamentos que não controlam a temperatura, etc. A informação existente é posteriormente transformada em conhecimento através da análise e julgamento da informação existente e da conceção do algoritmo de otimização. A base de conhecimentos e a base de estratégias de controlo da tomada de decisões do modelo CPS ao nível da unidade do negócio de interação dos utilizadores residenciais podem então ser formuladas através da acumulação de dados, bem como do mecanismo de eventos e da sua estratégia lógica do modelo CPS ao nível da unidade.

3.1.4 Implementação exacta

A execução exacta é a realização física da tomada de decisão, a tomada de decisão gerada pelo espaço de informação acaba por se transformar na execução do comando do espaço físico e desempenha um papel adicional nas entidades do equipamento elétrico. No que diz respeito ao modelo CPS a nível de unidade da atividade de interação dos utilizadores residenciais, a execução precisa pode ser o ajuste da temperatura do equipamento de controlo da temperatura, o ajuste da hora de arranque e de paragem da entidade do aparelho. Todo o ciclo de processamento de dados da conclusão física pode ser realizado através da execução precisa, além disso, o funcionamento das entidades do equipamento elétrico pode ser mais razoável e fiável, e a atribuição de recursos pode ser mais racional. Tomando como exemplo a carga do ar condicionado residencial, a conclusão física final da implementação inclui o tempo de arranque e a temperatura de funcionamento.

3.1.5 Estudo de caso de cenário típico do modelo CPS a nível de unidade

A otimização dos aquecedores de água eléctricos é aqui apresentada como exemplo.

(1) Perceção do Estado

Para perceber a informação com precisão, é necessário, em primeiro lugar, o modelo do objetivo. O modelo tradicional de EWH tem duas unidades de aquecimento e dois termóstatos para cima e para baixo, como mostra a Figura 3.2 [19]. Durante cada evento de aquecimento, apenas um elemento de aquecimento funcionará.

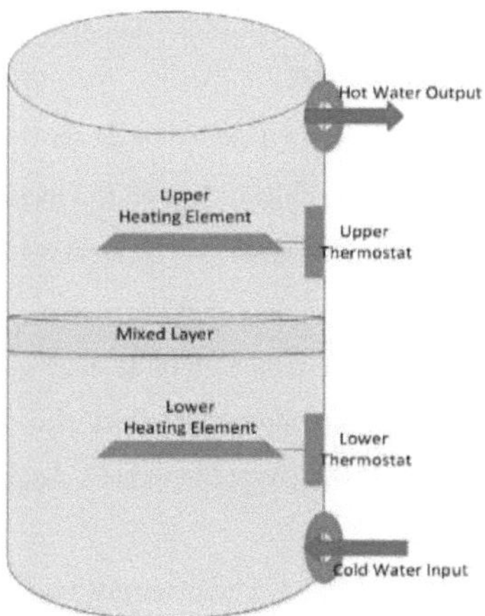

Figura 3.2 Estrutura interna da EWH

A água fria será injectada no reservatório de água na parte inferior quando houver uma extração de água. Isto deve-se ao facto de a densidade da água fria ser superior à da água quente. A baixa temperatura da água no interior accionará o termóstato inferior e o elemento de aquecimento inferior começará a funcionar. Se a tiragem de água for suficientemente grande, a água fria subirá até ao nível mais alto e accionará o termóstato superior. Entretanto, o elemento de aquecimento inferior desliga-se. A menos que a água na unidade superior e na unidade inferior já esteja aquecida, o termóstato desliga-se.

Para estimular o modelo, a Figura 3.3 apresenta algumas informações necessárias de um EWH, incluindo a potência nominal do EWH, a temperatura ambiente do reservatório, a temperatura de entrada da água fria, a temperatura da água quente, o ponto de regulação e o tamanho do reservatório, etc.

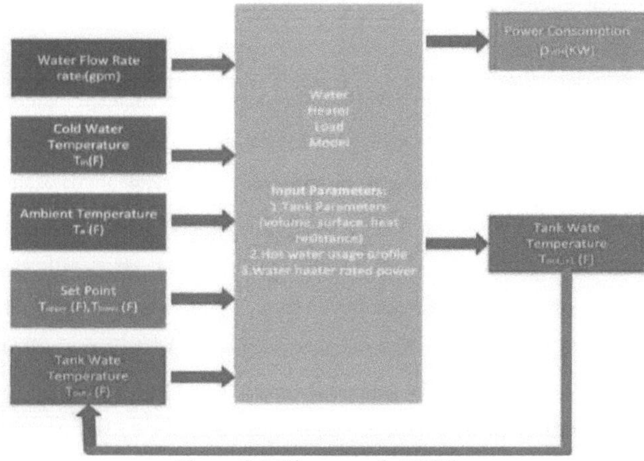

Figura 3.3 Diagrama da EWH

Relativamente a algumas definições, foram propostas algumas hipóteses para simplificar o processo de cálculo com base no modelo EWH.

- A temperatura da água quente misturada no depósito devia ser equivalente.
- A temperatura ambiente do tanque é assumida como sendo a mesma temperatura do ar ambiente.
- A temperatura da água fria injectada no reservatório de água é assumida como a temperatura do solo.
- Assume-se que o ponto de regulação da temperatura da água quente é gerado por uma função uniforme baseada em alguns dados do comportamento histórico dos utilizadores.
- Alguns valores de parâmetros típicos para EWH individuais são tidos em conta e o tamanho mais comum do depósito é de 50 galões.

A informação necessária para os cálculos e análises posteriores é apresentada na Tabela 3.1, que é percepcionada pelo modelo CPS.

Quadro 3.2 Informações necessárias para o modelo EWH

Item	Symbol	Unit
Water tank volume	V_{tank}	gallon
Cold water temperature injected	T_{in}	F
Ambient room temperature	T_a	F
Average upper set point	T_{upper}	F
Average lower set point	T_{lower}	F
Rated power	P_{WH}	KW/h
Surface area of the tank	A_{tank}	ft^2
Heat resistance of the tank	R_{tank}	$F*ft^2*h/Btu$
time interval	Δt	minutes

Os dados de entrada do modelo EWH discutidos abaixo incluem: temperatura da água, parâmetros de configuração do aquecedor de água e perfil de utilização de água quente. O consumo doméstico de eletricidade pode variar muito em função do comportamento de cada cliente. Por isso, é muito importante obter informações sobre a utilização de água quente que tenham em conta o comportamento dos utilizadores. Por vezes, os utilizadores podem ser classificados em diferentes tipos, tendo em conta os diferentes padrões de consumo. Por exemplo, uma casa multifamiliar tem padrões de consumo de água quente muito menos consistentes do que uma casa unifamiliar. Uma família de semana tem um bom potencial para mudar a carga durante o fim de semana, enquanto uma família de fim de semana tem um bom potencial durante os dias úteis. Todas estas informações podem ser recolhidas no processo de perceção do estado.

(2) Análise em tempo real

A análise em tempo real dos EWHs pode ser efectuada com base em algumas equações. Para cada passo de tempo, a procura de eletricidade da unidade de aquecimento de água no momento i é calculada da seguinte forma[20],

$$P_{WH,i} = w_{WH,i} * p_{WH,i} * \Delta t \tag{3.1}$$

Onde,

$w_{WH,i}$ representa o estado de ligado e desligado do EWH; P_{WH} representa a potência nominal do EWH (KW); η_{WH} representa o fator de eficiência, normalmente assumido como 1.

c_{WH} representa o valor enviado pelo controlador inteligente e afecta o estado do EWH. O estado ligado/desligado do aquecedor de água é decidido pelo seguinte procedimento: se a temperatura da água estiver acima do limite superior do ponto de regulação, permanece no estado desligado (0); se a temperatura estiver abaixo do limite inferior do ponto de regulação, permanece no estado ligado (1) até a temperatura atingir o valor limitado; se a temperatura no reservatório estiver entre estes dois limites, permanece no mesmo estado do último intervalo de tempo.

$$w_{WH,i} = \begin{cases} 0, & T'_{out,i} > T'_{upper} \\ 1, & T'_{out,i} < T'_{lower} \\ w_{WH,i-1}, & T'_{lower} < T'_{out,i} < T'_{upper} \end{cases} \tag{3.2}$$

Onde,

$T_{out,i}$ representa o valor máximo do ponto de regulação da temperatura no momento[i]; T_{lower} representa o valor mínimo do ponto de regulação da temperatura; T_{upper} representa o valor máximo do ponto de regulação da temperatura;

Para simplificar o processo de otimização, calculamos apenas a temperatura da água quente misturada a partir do depósito EWH, o cálculo é apresentado na Equação (3.3),

$$T_{out,i+1} = \frac{T_{out,i}(V_{tank} - rate_i * \Delta t)}{V_{tank}} + \frac{T_{in} * rate * \Delta t_i}{V_{tank}} + \frac{1 gal}{8.341 b}$$
$$* [p_{WH,i} * \frac{3412 Btu}{Kwh} - \frac{A_{tank} * (T_{out,i} - T_a)}{R_{tank}}] * \frac{\Delta t}{60 * \frac{min}{h}} * \frac{1}{V_{tank}} \tag{3.3}$$

Onde,

T_{in} representa a temperatura da água fria injectada (F); $taxa_i$ representa o caudal de água quente no exterior do reservatório durante o intervalo de tempo i (galão/minuto); Δt representa o intervalo de tempo (minutos); V_{tank} representa o volume do reservatório EWH (galão); A_{tank} representa a área de superfície do reservatório EWH (ft2); R_{tank} representa a resistência térmica do reservatório EWH (F*ft2*h/Btu); T_a representa a temperatura ambiente (F);

A unidade é igual a F, que é Btu/lb. no terceiro termo. 1 Btu é o valor total da energia necessária que 1 lb de água precisa para ser aquecida por 1F.

(3) Tomada de decisões científicas

O processo de otimização de um único EWH utilizando o BPSO é apresentado no fluxograma abaixo, que pertence ao procedimento científico de tomada de decisões. A informação neste processo é totalmente obtida a partir do processo (1) e do processo (2).

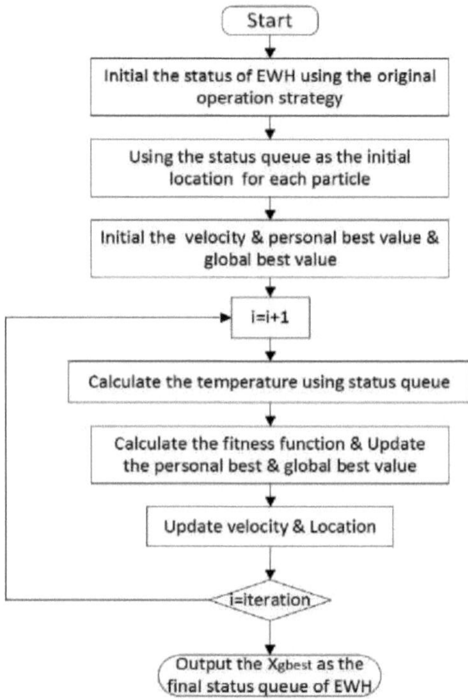

Figura 3.4 O processo de otimização de um único EWH utilizando BPSO

Utilizando a estratégia proposta, o objetivo pode ser alcançado de forma eficiente. Alguns parâmetros referidos em (2) são utilizados na simulação, por exemplo, a medição é efectuada de 15 em 15 minutos durante um período de 24 horas. Para garantir o efeito do BPSO na EWH, propõe-se um estudo de sensibilidade utilizando diferentes valores de referência. Note-se que o ponto de regulação aqui é para a água quente misturada no depósito. As pessoas podem continuar a ajustar a temperatura da água de que necessitam, por exemplo, quando tomam duche ou lavam a loiça.

A utilização do preço da eletricidade em função do tempo de utilização (TOU) pode tornar as cargas dos EWHs mais sensíveis à decisão da empresa de eletricidade. A razão pela qual o preço da eletricidade (PE) é escolhido como incentivo para deslocar a carga das EWHs é que a curva do PE está relacionada com a curva de carga do sistema elétrico. Se a carga do sistema for elevada, então o

PE será elevado nas horas seguintes e vice-versa. Para os utilizadores residenciais, os custos de eletricidade podem ser reduzidos através da deslocação das suas cargas. Por conseguinte, os clientes reagirão às alterações da PE para evitar as horas de preço elevado e, consequentemente, poderão transferir as suas cargas para as horas de menos movimento e poupar dinheiro na sua fatura de eletricidade.

Para cada EWH, é utilizado um vetor de estado da fila para descrever o estado de funcionamento do seguinte modo

$$\overrightarrow{W_{WH}} = [\, w_{W,H}, \; w_{W,H2} \cdots w_{H2\, n} \tag{3.4}$$

Onde,

n representa o total de intervalos de tempo que estão a ser considerados no processo de otimização. São utilizados dois valores discretos 0&1 para representar o estado de funcionamento de cada tarefa de operação. O EWH terá o valor 1 se o estado de funcionamento estiver ligado, enquanto o valor 0 indica que o estado de funcionamento está desligado quando a temperatura da água atinge o valor esperado.

O objetivo da otimização é minimizar a fatura de eletricidade do EWH residencial, reprogramando o tempo de funcionamento do EWH sujeito às restrições de temperatura previstas. Além disso, o problema pode ser formulado da seguinte forma

1) Função de custo mínimo da eletricidade

O incentivo de entrada utilizado nesta otimização é o preço TOU. Considerando que o PE em cada intervalo de tempo é diferente, utilizamos um vetor para representar o PE. A função de aptidão básica da otimização EWH pode então ser representada abaixo:

$$F = \min\{\, \text{cost} = \sum_{i=1}^{t} P_{WH,\, i} \,^{*}\, EP\} \tag{3.5}$$

Onde,

n representa o total de intervalos de tempo; i representa o índice de intervalos de tempo; EP representa o vetor do preço da eletricidade; $X_a(i)$ representa o vetor do estado de funcionamento da EWH.

2) Limites mínimo e máximo de temperatura

A condição de restrição aqui é garantir que determinada expetativa de temperatura seja alcançada durante certos períodos. Os determinados períodos referem-se a intervalos de tempo em que ocorre um evento de utilização de água com base sobre o comportamento de consumo de água dos clientes. Foi demonstrado que o limite de conforto da temperatura mista da água quente pode ser mantido. Para testes adicionais, neste estudo, definimos um índice para representar o nível de conforto dos clientes considerando o ponto de regulação da seguinte forma:

$$comfort_i = 1 - (\ _i\, ¢ \ _{set} T)$$ (3.6)

Onde,

$comfort_i$ é o índice do limite de conforto do cliente, que pertence a [0,1], o objetivo é tornar o valor muito mais próximo de 1;e representa o erro entre o ponto de regulação do cliente e o valor real; T_{set} representa o valor médio do ponto de regulação superior e do ponto de regulação inferior.

(4) Implementação exacta

No final, pode ser obtida uma fila de estados da EWH após os três processos acima referidos e, em seguida, o atuador pode ajustar o estado da EWH em cada intervalo com base na fila de estados. A fila de estados da Figura 3.5 pode ser um exemplo: os pontos azuis representam os estados antes do controlo e os pontos vermelhos representam os estados após o controlo.

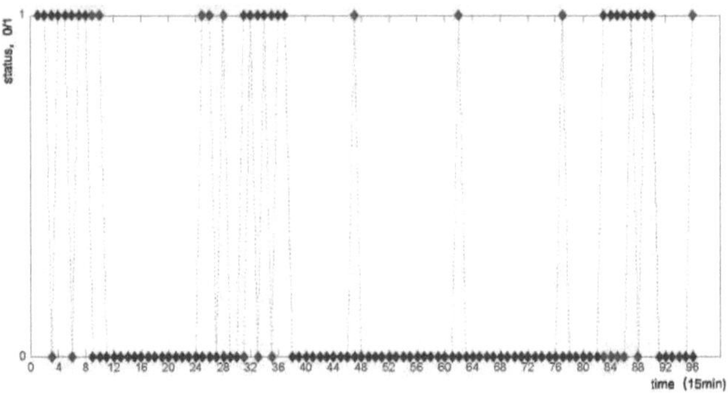

Figura 3.5 Resultados da fila de espera de estados

3.2. Processo do modelo CPS a nível do sistema

No modelo de integração a nível do sistema de interação com o utilizador residente, a informação sobre a perceção do estado inclui principalmente o sinal de resposta à procura ou o sinal de pico de carga emitido pelo despachante, a informação sobre os preços ou a informação sobre os incentivos divulgada pela companhia de eletricidade e a informação sobre a eletricidade e o ambiente circundante recolhida do edifício inteligente e da comunidade inteligente do lado da procura. Estas informações podem fornecer informações exactas à rede eléctrica para uma programação e divulgação de informações optimizadas. No caso dos utilizadores residenciais, os utilizadores de grande escala podem ligar-se diretamente à rede eléctrica para participarem na atividade interactiva de oferta e procura; os utilizadores de pequena escala podem realizar a atividade interactiva de oferta e procura através do agregador de carga.

Com base no modo CPS ao nível do sistema, a gestão ordenada da carga e descarga de veículos eléctricos em agregados, a gestão do acesso à nova energia distribuída, o aquecedor de água elétrico em agregados que consome a nova energia e o despacho inteligente de eletricidade em edifícios/bairros podem ser realizados. Os agregadores de carga funcionam como o elo intermédio da interação entre a oferta e a procura. Para maximizar os benefícios e tomar decisões, a informação dos dois lados da interação entre a oferta e a procura tem de ser obtida através do modelo CPS a nível do sistema. O processo principal de perceção do estado, o processamento em tempo real, a tomada de decisões científicas e a implementação exacta podem referir-se ao modelo CPS a nível da unidade.

3.2.1 Estudo de caso de cenário típico do modelo CPS a nível do sistema

O agregador de carga é apresentado aqui como um exemplo.

(1) Perceção do Estado

O objetivo do sistema de energia de recursos interactivos de oferta e procura e das redes inteligentes estendeu-se a uma vasta gama de serviços, em que a carga industrial, a carga residencial e a carga comercial são os principais tipos de carga controlada pelos agregadores de carga. A implantação de recursos interactivos de oferta e procura é frequentemente utilizada para minimizar a diferença entre a carga média e a carga de pico, enviando sinais de preço (sinal DR) aos clientes e tomando algumas decisões de reprogramação. Neste contexto, os clientes actuam normalmente como entidades reactivas em que o reescalonamento da energia das cargas a pedido do cliente é efectuado com o objetivo de minimizar a fatura global de eletricidade e, além disso, minimizar as perdas de energia e a diferença entre as cargas média e de pico. Por vezes, é demonstrado um quadro que considera o comportamento dos clientes na escolha da estratégia adequada com diferentes tipos de incentivos. Assim, uma atividade interactiva entre os agregadores de carga e o sistema de energia de recursos interactivos de oferta e procura pode ser alcançada através da conceção de programas de incentivos e de métodos de programação em duas etapas. As entidades neste cenário são apresentadas na Figura 3.6.

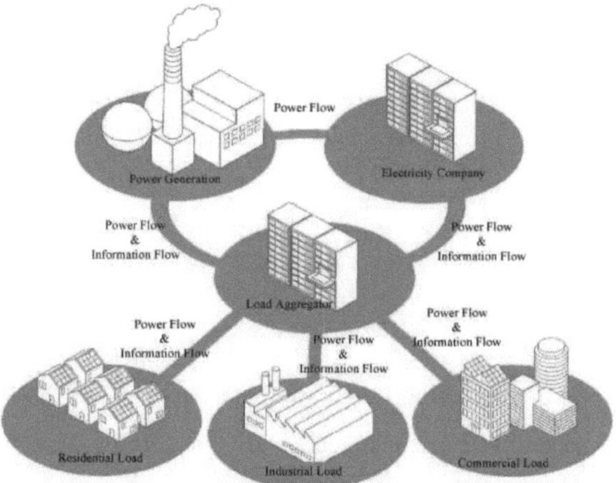

Figura 3.6 Entidades envolvidas no modelo CPS ao nível do sistema para o agregador de carga

A base de recursos de interação da oferta e da procura inclui a base de recursos de informação, a base de recursos de carga e a informação de resposta. A base de recursos de informação inclui a auto-informação dos utilizadores, a informação sobre o ambiente e a informação sobre as políticas, etc.

A base de recursos de carga inclui a informação sobre o consumo de carga, a informação sobre a carga controlável, a informação sobre os dispositivos de armazenamento de energia e a informação sobre as baterias distribuídas.

A informação de resposta inclui a informação histórica sobre a participação dos utilizadores em actividades de RD e alguma informação em tempo real; a plataforma de informação de resposta à procura pode ser eficiente através da interação da informação.

(2) Análise em tempo real

Para efetuar o tratamento posterior, é necessário definir e analisar alguns conceitos. A interação com os utilizadores pode ser dividida em várias partes para criar regras de seguro de subsídios. A definição do nível de incentivo é a soma de todas as partes do seguro de subsídio. A expressão matemática pode ser consultada na equação seguinte.

$$x = x_1 + x_2 + \cdots + x_n \tag{3.7}$$

Onde,

x_n representa o seguro de subsídio na parte n de acordo com as regras de seguro de subsídio. Suponhamos que, durante um determinado período de tempo, podemos obter a carga de pico do utilizador i P^i_{pl}, a carga de vale P^i_{vl} e a carga geral P^i_{fl}, respetivamente, e definir a carga geral do utilizador i como linha de base, para medir o efeito que o grau de flutuação da carga dos utilizadores tem na flutuação da resposta dos utilizadores, sendo então definidos o limite superior e o limite inferior da flutuação da carga.

O limite superior da flutuação de carga é o rácio da diferença entre a carga máxima e a carga geral para a carga geral.

$$\varepsilon^i_{ub} = \frac{P^i_{pl} - P^i_{fl}}{P^i_{fl}} \tag{3.8}$$

O limite inferior da flutuação de carga é o rácio da diferença entre a carga mínima e a carga geral para a carga geral.

$$\varepsilon^i_{lb} = \frac{P^i_{vl} - P^i_{fl}}{P^i_{fl}} \tag{3.9}$$

Quando os utilizadores estão sujeitos a diferentes níveis de incentivo, a probabilidade de redução da carga dos utilizadores diminui com o aumento do incentivo.

1) Quando o incentivo é menor, a flutuação da resposta dos utilizadores é maior, a incerteza será maior e a influência sobre os utilizadores será menor;

2) Quando o incentivo é maior, a flutuação da resposta dos utilizadores é estável e será menor, a incerteza será menor e a influência sobre os utilizadores será maior.

Tendo em conta a caraterística de que a resposta de um único utilizador pode refletir a resposta do total de utilizadores e as vantagens do modelo de índice, a equação abaixo é o modelo de índice do grau de flutuação sob a regra de seguro de subsídios[5] do utilizador[1] . Este modelo representa que o grau de flutuação da resposta dos utilizadores será influenciado pelo grau de incentivo.

$$y^i(s) = \frac{\varepsilon^i e^{-a\frac{x^i(s)}{b}}}{\varepsilon_{ub}^i - \varepsilon_{lb}^i}$$

(3.10)

Onde,

$x^i(s)$, $y^i(s)$ representa o grau de incentivo e a flutuação da resposta do utilizador i ao abrigo da regra do seguro de subsídios s, $\varepsilon^i \in [\varepsilon_{lb}^i, \ \varepsilon_{ub}^i]$, é o grau de flutuação da carga do utilizador i, a representa o índice do modelo do grau de resposta, b representa o valor de base, a e b são todos positivos.

Durante o processo das actividades interactivas actuais, a maior parte do trabalho consiste em avaliar o grau de participação com base nas restrições de entusiasmo e na taxa de conclusão através da celebração de contratos com os utilizadores.

Se definirmos apenas o limite inferior das restrições, os recursos não poderão ser utilizados de forma adequada sem o limite superior, o que não é bom para a gestão da programação dos apartamentos.

A taxa de conclusão das tarefas dos utilizadores é então definida para representar a conclusão da tarefa interactiva do ponto de vista dos utilizadores sob diferentes regras de restrição mostradas na equação abaixo, e pode fornecer uma situação útil para realizar a utilização eficiente dos recursos.

$$\delta^i(s) = \frac{urtca^i(s) - ucca^i(s)}{urtca^i(s)}$$

(3.11)

Onde,

$urtca^i(s)$, $ucca^i(s)$ representa a quantidade de tarefas interactivas que o utilizador i *deve realizar* ao abrigo da regra de seguro de subsídios s e as tarefas interactivas foram realizadas.

(3)Tomada   de decisões científicas

O esquema de tomada de decisões proposto tem em conta várias perspectivas relacionadas com os participantes nas redes inteligentes. Os principais participantes no esquema proposto são a produção de energia, a companhia de eletricidade, os agregadores de carga e diferentes tipos de cargas de utilizadores finais.

A programação dos consumidores está sujeita a vários objectivos de otimização e a restrições que interagem com diferentes entidades [21]. Por exemplo, o objetivo dos ALs é maximizar os benefícios económicos através dos programas e a restrição é o nível de satisfação da carga dos utilizadores.

Por outro lado, os objectivos da produção de energia incluem o desempenho do sistema, limitado pelas restrições de funcionamento da rede eléctrica. O mesmo pode ser alcançado através da conceção de diferentes esquemas de programação para os LAs escolherem e participarem. Este trabalho considera diferentes esquemas, tais como a utilização do preço TOU ou de um sinal de GD baseado em incentivos para a programação, respetivamente. O processo de tomada de decisão a este nível é apresentado na Figura 3.7.

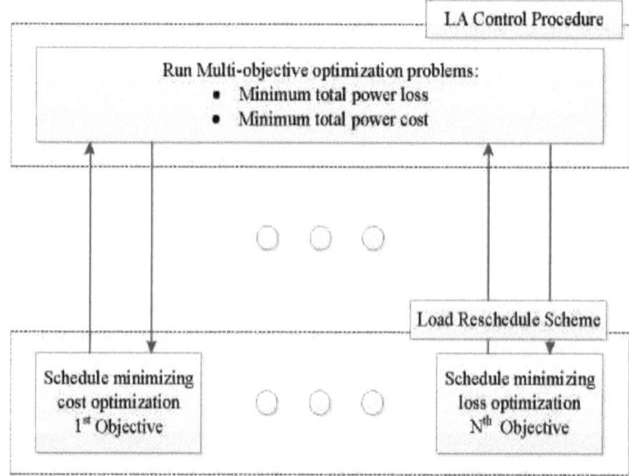

Figura 3.7 O processo de tomada de decisão científica do modelo CPS a nível do sistema para agregadores de carga

A metodologia de reescalonamento de carga proposta envolve um escalonamento em duas etapas, com os agregadores de carga a procurarem priorizar os seus escalonamentos de carga para reduzir a fatura global de eletricidade e a produção de energia a tentar atingir os objectivos operacionais do sistema, tais como a melhoria do fator de carga e a minimização das perdas.

O programa final optimizado pelo LA tem de ter em conta a carga dos utilizadores, bem como os benefícios do sistema do ponto de vista da produção de energia. O diagrama de fluxo é apresentado na Figura 3.8.

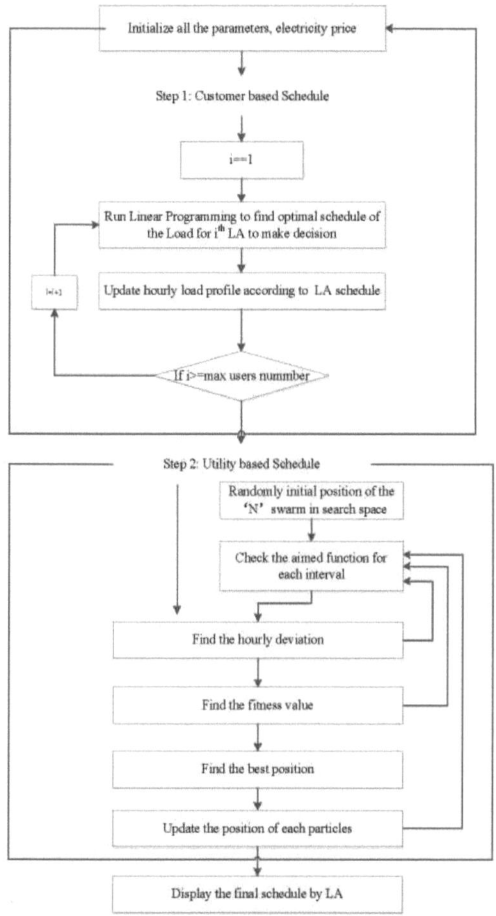

Figura 3.8 Fluxograma do processo de tomada de decisão científica dos agregadores de carga na interação entre a oferta e a procura

(4) Implementação exacta

O processo de implementação rigoroso inclui várias entidades, nomeadamente a companhia de eletricidade, os agregadores de carga e os utilizadores finais. Os objectivos mutuamente interactivos são tratados através de Agregadores de Carga que oferecem incentivos para motivar a carga dos utilizadores a contribuir para os objectivos do sistema de energia. Assim, a programação interactiva coordenada do LA pode ser benéfica para resolver problemas de programação de carga orientados para objectivos múltiplos em actividades interactivas de oferta e procura do sistema de energia. Por exemplo, o LA pode determinar o período de tempo em que os utilizadores industriais/ residenciais/comerciais estão aptos a operar, e a quantidade de operação que será boa para a segurança e economia do sistema de energia. Em seguida, será proposto o processo detalhado de implementação

31

de cada objetivo.

(1) Empresa de eletricidade

Para realizar a tarefa que visa minimizar as perdas de energia ou o custo da eletricidade, a empresa de eletricidade liberta o montante da tarefa de carga reduzida e publica as regras de atribuição de subsídios aos Agregadores de Carga de acordo com a escala de objectivos que podem participar nas actividades interactivas. Após cada atividade interactiva, a empresa de eletricidade efectua a avaliação e a previsão de acordo com o resultado obtido após a conclusão de cada tarefa pelo Agregador de Carga.

(2) Agregadores de carga

Existem dois tipos de Agregadores de Carga; o primeiro é equivalente ao utilizador final de terceiro nível que tem a arquitetura hierárquica, o segundo é aquele que pode executar a tarefa de redução de carga de acordo com o objetivo superior (Empresa de Eletricidade) para além dos seus recursos de carga própria. O segundo tipo de Agregador de Cargas irá libertar a tarefa de acordo com a tarefa de redução de carga da empresa de eletricidade superior e com a quantidade de carga dos utilizadores que têm, com base na taxa de resposta dos utilizadores, na quantidade de carga de resposta e no número de participantes. Em seguida, a LA reunirá as estatísticas da quantidade que a tarefa atingiu e efectuará a avaliação do seguro de subsídio. O número de contabilização depende da vontade dos utilizadores, podendo ser uma avaliação única ou múltipla.

(3) Utilizadores finais

Os utilizadores finais são o terceiro nível de atividade interactiva da oferta e da procura ao nível do sistema. Eles ajustarão o seu consumo de eletricidade de acordo com a tarefa de redução de carga lançada pelos Agregadores de Carga e a restrição de manter o nível de auto-conforto, como resultado, os utilizadores finais poderiam obter benefícios da tarefa e o consumo eficiente de eletricidade poderia ser finalmente realizado.

3.3. Processo do modelo CPS a nível da plataforma

Ao nível do modelo de integração ao nível da plataforma da atividade de interação com o utilizador residente, a informação perceptiva do estado inclui principalmente a informação de conclusão dos agregadores de carga ou dos utilizadores em grande escala, a informação sobre a potência do lado da produção de energia e a informação sobre o estado de funcionamento e a informação operacional conexa do equipamento elétrico e do sistema elétrico do lado do utilizador. A companhia de eletricidade pode fornecer serviços de resposta à procura, de mudança de pico e de programação optimizada com base no modelo CPS a nível da plataforma. O processo principal de perceção do estado, o processamento em tempo real, a tomada de decisões científicas e a aplicação exacta podem referir-se ao modelo CPS a nível da unidade.

3.3.1 Estudo de caso de cenário típico do modelo CPS ao nível da plataforma

A plataforma de serviços interactivos de oferta e procura é apresentada aqui como um exemplo.

(1) Perceção do Estado

A plataforma de serviço interativo de oferta e procura pode obter algumas informações da plataforma de serviço de recolha de dados, algumas informações básicas e dados comerciais podem ser fornecidos pela plataforma de serviço de recolha de dados. A plataforma de serviço de recolha de dados pode recolher informações sobre diferentes tipos de utilizadores e informações precisas sobre a carga do sistema de recolha de informações sobre eletricidade, do sistema de controlo e gestão da carga e do sistema interativo de oferta e procura. A plataforma pode obter informações sobre energia, casa inteligente e armazenamento de energia do sistema de energia e do sistema de ar condicionado; além disso, os dados podem ser lavados, integrados e armazenados. As funções da plataforma de serviço de recolha de dados são as seguintes: recolha de dados, armazenamento de dados, análise de dados e serviço de dados.

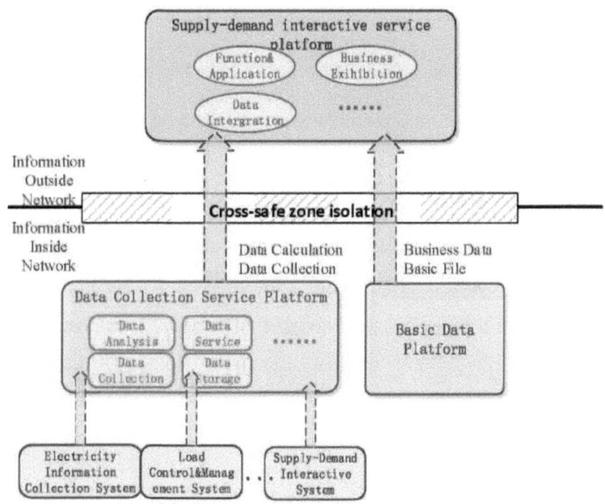

Figura 3.9 Plataforma do serviço de recolha de dados

(2) Análise em tempo real

1) Limpeza de dados

Para os diferentes tipos de dados recolhidos, podemos utilizar alguns algoritmos heurísticos para eliminar os dados anormais e inúteis da curva de carga diária dos consumidores de eletricidade. O algoritmo de substituição pode garantir a integridade dos dados após o processamento. Além disso, para efetuar o tratamento dos dados característicos, considera-se aqui o método de normalização.

2) Cálculo de dados básicos

Recolhemos dados limpos com diferentes aspectos do consumidor, da indústria e da região, pelo que alguns resultados simples e visuais dos dados básicos podem ser calculados por diferentes métodos.

3) Análise de dados

De acordo com os requisitos das diferentes empresas, analisamos os objectivos esperados da empresa para obter os dados específicos a partir dos resultados dos cálculos. Além disso, o algoritmo matemático e a técnica de análise de associação apoiam as outras actividades através da extração de dados orientada.

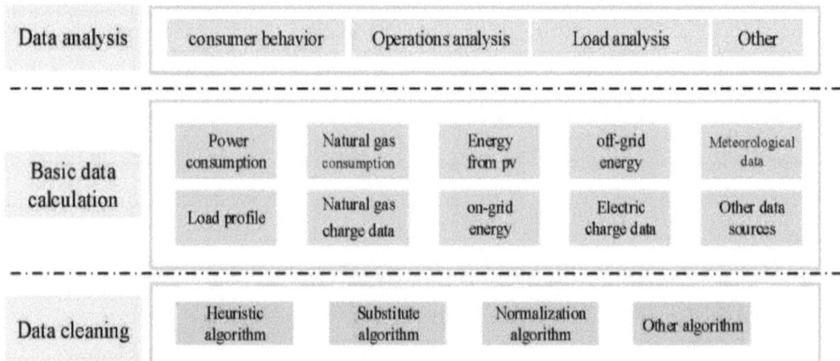

Figura 3.10 O processo de análise em tempo real da plataforma de serviços interactivos de oferta e procura

(3) Tomada de decisões científicas

Alguns modos funcionais de tomada de decisões científicas da plataforma de serviços interactivos de oferta e procura de eletricidade são apresentados na Figura 3.11. A função da plataforma está dividida em 8 partes. Os módulos de função definidos são apresentados de seguida.

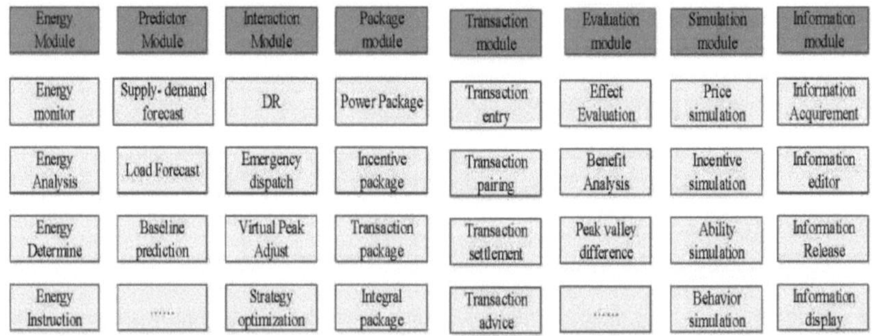

Figura.3.11 A função da plataforma de serviços interactivos de oferta e procura de eletricidade

1) Módulo de energia

O módulo de energia pode inspecionar a utilização de energia, o fornecimento de energia e os estados de acesso, a estação de carga total e o consumo total do equipamento de armazenamento de energia de toda a província, pode inspecionar a estação de oferta e procura total de diferentes cidades e verificar a estação de mudança de carga, a estação de utilização de eletricidade e a estação de classificação de carga de diferentes cidades. O sistema e o equipamento de diferentes utilizadores podem ser monitorizados e exibidos para realizar a monitorização em tempo real de PV distribuído, dispositivos domésticos inteligentes, sistema de armazenamento, ar condicionado e veículos eléctricos.

2) Módulo Preditor

O módulo de previsão de energia baseia-se principalmente nos módulos de recolha de dados para inicializar a previsão dos tipos de consumo de energia de diferentes utilizadores e diferentes previsões horizontais de energia, por exemplo, curva de previsão de energia de eletricidade, gás natural, calor para utilizadores individuais e previsão de energia de meses e anos. Além disso, os serviços de energia, o módulo de transação pode obter o início do programa e a base de avaliação do potencial. A previsão da oferta e da procura pode tomar decisões sobre a situação da oferta e da procura da rede eléctrica ou obter dados de entrada de vagas no sistema para prever a tendência de desenvolvimento da oferta e da procura.

3) Módulo interativo

O módulo interativo inclui a programação de emergência, a regulação virtual de picos, a resposta à procura e outros submódulos de otimização de estratégias. O sistema de energia eléctrica não é estável a todo o momento devido a muitos tipos de problemas físicos ou geográficos. A eletricidade não pode ser reservada de forma eficiente em grande escala, pelo que, por vezes, situações incertas podem ter más influências no sistema de energia. A tarefa fundamental da programação de emergência, do ajustamento virtual de picos, da resposta da procura e da otimização da estratégia é proporcionar um fornecimento de eletricidade fiável e económico ao sistema de energia, e o problema mais importante é descobrir como avaliar e analisar a fiabilidade do sistema de energia eléctrica.

4) Módulo de Pacote

O módulo de pacote é utilizado principalmente para realizar a conceção do pacote de eletricidade, a conceção do pacote de incentivos e a conceção do pacote comercial.

5) Módulo de transação

O módulo de transacções inclui a entrada de transacções, a correspondência de transacções, a liquidação de transacções, os avisos de transacções e outros sub-módulos. Os meios de realização incluem o registo no mercado e a gestão de contratos. O processo de registo no mercado inclui a candidatura do utilizador, a qualificação e o acesso ao mercado; o processo de gestão de contratos inclui o desenvolvimento de modelos de contratos, a confirmação da modificação de contratos, a transformação de contratos, a assinatura de contratos e outros aspectos.

6) Módulo de avaliação

O módulo de avaliação avalia a avaliação estatística da otimização da diferença pico-vale, inspecciona os pontos importantes da rede de distribuição e as diferenças pico-vale dos diferentes utilizadores em diferentes escalas de tempo, incluindo o valor máximo da diferença pico-vale, o valor médio da diferença pico-vale, a diferença pico-vale da rede de distribuição, a carga dos utilizadores residenciais e a taxa de contribuição da otimização da diferença pico-vale. Em seguida, a companhia de eletricidade pode ser instruída a tomar algumas medidas que sejam seguras e económicas.

7) Módulo de simulação

O módulo de simulação baseia-se no modelo psicológico do consumidor, no modelo de conforto e nas restrições do sistema, centrando-se em diferentes cenários para efetuar a simulação e a avaliação. Os conteúdos específicos do módulo de simulação incluem a simulação de preços, a simulação de incentivos, a simulação do comportamento do utilizador e da capacidade de resposta, a análise da topologia, a execução da resposta à procura e a simulação do tempo. Os métodos de verificação incluem a simulação digital pura, a simulação semi-física e a simulação física.

8) Módulo de informação

O módulo de informação inclui principalmente a divulgação e exibição de diferentes tipos de utilização de energia, estratégia, preço da eletricidade e outras informações relativas, enquanto o módulo de informação pode manter as informações básicas. O módulo de informação pode enviar a informação de alarme à companhia de eletricidade e aos utilizadores durante o processo de implementação, por exemplo, interrupção de comunicação, alarme de dispositivo, falha de remoção, terminação antecipada.

(4) Implementação exacta

A plataforma de serviços interactivos de oferta e procura poderia então libertar as decisões dos agregadores de carga, da empresa de eletricidade e da empresa de serviços de energia para satisfazer as necessidades de interação de diferentes utilizadores, tais como o governo, as empresas de redes eléctricas, as empresas de venda de eletricidade, os agregadores de carga e os utilizadores residenciais, etc.

CAPÍTULO 4

Conclusão

Este livro apresenta uma investigação sobre modelos de sistemas ciber-físicos para a interação entre a oferta e a procura do sistema de energia. Em primeiro lugar, no Capítulo 1, propõem-se os antecedentes da rede inteligente e a introdução da interação entre a oferta e a procura e da teoria dos sistemas ciber-físicos como reservas de conhecimento para estudo posterior. Em segundo lugar, são propostos os modelos CPS de diferentes níveis, nomeadamente o modelo CPS ao nível da unidade, o modelo CPS ao nível do sistema e o modelo CPS ao nível da plataforma. O modelo CPS ao nível da unidade inclui um fluxo de dados fechado para realizar o procedimento de controlo das entidades. O modelo CPS a nível do sistema é a ligação dos modelos CPS a nível das unidades, podendo funcionar como agregadores de carga ou outro centro de controlo. O modelo CPS ao nível da plataforma é o modelo de topo de toda a organização, podendo tomar decisões para os outros dois modelos. No final, é proposto o processo dos modelos CPS para lidar com a interação entre a oferta e a procura, a otimização dos aquecedores eléctricos de água, o esquema de programação dos agregadores de carga e a plataforma de serviços interactivos de oferta e procura são apresentados como cenários típicos para ilustrar o procedimento detalhado, que são "perceção do estado, análise em tempo real, tomada de decisões científicas e implementação precisa".

Referência

[1] . Corno, F., & Razzak, F. (2012). Otimização inteligente da energia para objectivos inteligíveis para o utilizador em ambientes domésticos inteligentes. IEEE transactions on Smart Grid, 3(4), 2128-2135.

[2] . International Energy Outlook 2016, U.S. Energy Inf. Admin., Washington, DC, EUA, maio. 2016

[3] . U.S. Department of Energy, [online] Disponível: www.oe.energy.gov

[4] . Masters, G. (2013). Sistemas de energia eléctrica renováveis e eficientes. Wiley & Sons(8), 55 - 62.

[5] . APAPedrasa, M. A. A., Spooner, T. D., & Macgill, I. F. (2009). Scheduling of demand side resources using binary particle swarm optimization. IEEE Transactions on Power Systems, 24(3), 1173-1181.

[6] . Qdr, Q. (2006). Benefits of demand response in electricity markets and recommendations for achieving them. Departamento de Energia dos EUA.

[7] . FERC, "Regulatory Commission Survey on Demand Response and Time-based Rate Programs/tariffs". www.FERC.gov, agosto de 2006.

[8] . Albadi M, El-saadany E. Um resumo da resposta da procura nos mercados da eletricidade [J]. Electric Power Systems Research. 2008(78): 1989-1996.

[9] . Bompard E, Bei H. Controlo baseado no mercado em sistemas operacionais de distribuição emergentes]. IEEE Transactions on Power Delivery, 2013, 28(4): 2373-2382.

[10] . Li Canbing , Kang Chongqing , Xia Qing , et al . Comércio de direitos de geração e seu mecanismo [J]. Automação de Sistemas de Energia Elétrica, 2003, 27(6): 13-18(em chinês).

[11] . Zhou Qiliang, Yao Jiangang, Luo Zhengjun. Investigação sobre a transação do lado da procura do direito de consumo de energia e o seu modelo [J]. Power System Technology, 2005, 29(9): 76-81(em chinês).

[12] . Zhang Qin, Wang Xifan, Wang Jianxue, et al. Estudo da investigação sobre a resposta da procura em mercados de eletricidade desregulados [J]. Automação de sistemas de energia eléctrica, 2008, 32(3): 97-106(em chinês).

[13] . Zhang Xian, Wang Xifan, Chen Haoyong, et al. Estudo dos contratos bilaterais no mercado da eletricidade [J]. Electric Power Automation Equipment, 2003, 23(11): 77-86(em chinês).

[14] . Agência Internacional de Energia. Um guia prático para licitações do lado da procura [EB/OL]. [2007-07-21]. http://dsm.iea.org/.

[15] . Wang Xifan, Shao Chengcheng, Wang Xiuli, et al. Levantamento da carga de carregamento de veículos eléctricos e estratégias de controlo de despacho [J]. Proceedings of the CSEE, 2013, 33(1):

[16] . Guillermo A, Jimenez E, Rodrigo P, et al. Um modelo competitivo de integração de mercados para geração distribuída [J]. IEEE Transactions on Power System, 2007, 22(4): 2161-2169.

[17] . E. A. Lee, "Cyber physical systems: Design challenges," in Proc. 11th IEEE Int. Symp. Object Orient. Real-Time Distrib. Comput. Orlando, FL, EUA, 2008, pp. 363-369.

[18] . Zhao J, Wen F, Xue Y, et al. Sistemas ciberfísicos de energia: Arquitetura, técnicas de implementação e desafios [J]. Automação de Sistemas de Energia Eléctrica, 2010, 34(16):1-7(em chinês).

[19] . Kondoh J, Lu N, Hammerstrom D J. Uma Avaliação do Potencial de Carga do Aquecedor de Água para a Prestação de Serviço de Regulação [J]. Power Systems IEEE Transactions on, 2011, 26(3):1309-1316.

[20] . Shao S, Pipattanasomporn M, Rahman S. Desenvolvimento de modelos de carga residencial habilitados para resposta à demanda com base física [J]. IEEE Transactions on Power Systems, 2013, 28(2):607-614.

[21] . Panwar L K, Konda S R, Verma A, et al. Agregador de resposta à demanda coordenado em dois estágios de programação de carga responsiva no sistema de distribuição considerando o comportamento do cliente [J]. IET Generation Transmission & Distribution, 2017, 11(4):1023-1032.

I want morebooks!

Buy your books fast and straightforward online - at one of world's fastest growing online book stores! Environmentally sound due to Print-on-Demand technologies.

Buy your books online at
www.morebooks.shop

Compre os seus livros mais rápido e diretamente na internet, em uma das livrarias on-line com o maior crescimento no mundo! Produção que protege o meio ambiente através das tecnologias de impressão sob demanda.

Compre os seus livros on-line em
www.morebooks.shop

MIX
Papier aus verantwortungsvollen Quellen
Paper from responsible sources
FSC® C105338

Printed by Books on Demand GmbH, Norderstedt / Germany